Ernst Probst

Dinosaurier in Niedersachsen

Von Elephantopoides bis zu Stenopelix

GRIN - Verlag für akademische Texte

Der GRIN Verlag mit Sitz in München hat sich seit der Gründung im Jahr 1998 auf die Veröffentlichung akademischer Texte spezialisiert.

Die Verlagswebseite www.grin.com ist für Studenten, Hochschullehrer und andere Akademiker die ideale Plattform, ihre Fachtexte, Studienarbeiten, Abschlussarbeiten oder Dissertationen einem breiten Publikum zu präsentieren.

Dokument Nr. V160700 aus dem GRIN Verlagsprogramm

Ernst Probst

Dinosaurier in Niedersachsen

Von Elephantopoides bis zu Stenopelix

GRIN Verlag

Bibliografische Information der Deutschen Nationalbibliothek: Die Deutsche Bibliothek verzeichnet diese Publikation in der Deutschen Nationalbibliografie; detaillierte bibliografische Daten sind im Internet über http://dnb.d-nb.de/ abrufbar.

1. Auflage 2010
Copyright © 2010 GRIN Verlag GmbH
http://www.grin.com
Druck und Bindung: Books on Demand GmbH, Norderstedt Germany
ISBN 978-3-640-74437-4

Ernst Probst

Dinosaurier in Niedersachsen

*Von Elephantopoides
bis zu Stenopelix*

Meinen Enkelkindern Max und Paula Werner
gewidmet

DANK

Für wertvolle Hilfe
bei der Entstehung dieses Taschenbuches
dankt der Autor:

Gerhard Böggemann
Nobu Tamura
Fritz Wendler (1941–1995)
Bernd Werner

Inhalt

Vorwort 9
Elephantopoides 11
Europasaurus 17
Iguanodon 23
Lexovisaurus 29
Megalosaurus 31
Plateosaurus 35
Rotundichnus 43
Stenopelix 47
Was ist ein Dinosaurier? 51
Wie die Dinosaurier
zu ihrem Namen kamen 59
Der Autor 65
Literatur 67
Bildquellen 69
Bücher von Ernst Probst
71

Vorwort

Dinosaurier in Niedersachsen werden in dem gleichnamigen Taschenbuch des Wiesbadener Wissenschaftsautors Ernst Probst vorgestellt. Bei jeder Dinosaurier-Gattung erfährt man, worauf deren wissenschaftlicher Name beruht. Es folgen Angaben über die Größe, das zeitliche und geographische Vorkommen, die systematische Stellung und über die wissenschaftliche Erstbeschreibung. „Dinosaurier in Niedersachsen" beschreibt die bisher bekannten Gattungen der „schrecklichen Echsen" aus Niedersachsen: *Elephantopoides Europasaurus, Iguanodon, Lexovisaurus, Megalosauripus, Megalosaurus, Plateosaurus, Rotundichnus, Stenopelix.*

Ernst Probst hat sich durch zahlreiche populärwissenschaftliche Bücher einen Namen gemacht. Bekannte Werke aus seiner Feder sind: „Deutschland in der Urzeit", „Rekorde der Urzeit", „Dinosaurier in Deutschland" (letzterer Titel zusammen mit Raymund Windolf), „Dinosaurier von A bis K", „Dinosaurier von L bis Z", „Der Ur-Rhein", „Der Rhein-Elefant", „Deutschland im Eiszeitalter", „Der Mosbacher Löwe" „Höhlenlöwen", „Säbelzahnkatzen", „Der Höhlenbär", „Monstern auf der Spur", „Nessie", „Affenmenschen" und „Seeungeheuer".

Elephantopoides

Name: Elefantenähnliche Spur
Größe: etwa 13 Meter lang
Vorkommen: Obere Jurazeit
Funde: Niedersachsen
Erstbeschreibung: Kaever
und de Lapparent 1974

Von *Elephantopoides barkhausensis* entdeckte man 1921 in einem Steinbruch von Barkhausen an der Hunte, einem Ortsteil der Gemeinde Bad Essen im Landkreis Osnabrück (Niedersachsen), Spuren runder Trittsiegel. Sie stammten von einem etwa 10 bis 13 Meter langen Elefantenfuß-Dinosaurier aus der Oberen Jurazeit vor rund 150 Millionen Jahren. Auf diese Fußspuren war der Geologe Walter Klüpfel aufmerksam geworden, als er die Eisenerz-Lagerstätten dieser Region erforschte. Als Erster untersuchte der am „Gymnasium Adolfinum Bückeburg" unterrichtende Oberlehrer und Fossiliensammler Max Ballerstedt (1887–1945) diese Fußspuren. Damals waren aber nur einige Fährten von Elefantenfuß-Dinosauriern freigelegt worden. Erst später hat man weitere Fußspuren, darunter solche von Raub-Dinosauriern, entdeckt. 1972 wurde der Steinbruch unter Naturschutz gestellt. Weitere Trittsiegel legte man 1983 frei. Man vermutet, dass noch nicht alle Trittsiegel ans Tageslicht kamen. 2000 wurde das bis dahin öffentlich zugängliche Naturdenkmal durch ein Glasdach vor Witterungseinflüssen geschützt. Außerdem hat man zwei lebensgroße Nachbildungen jener Dinosaurier aufgestellt, welche die Fußspuren hinterließen. Den Artnamen *Elephantopoides barkhausensis* prägten 1974 der deutsche Paläontologe Matthias Kaever in Münster sowie der französische Jesuit und Paläontologe Albert S. de Lapparent (1905–1975) aus Paris für die von einem Elefantenfuß-Dinosaurier erzeugten Trittsiegel. Das Naturdenkmal ist eine etwa zehn Meter lange und rund sechs Meter hohe Felswand aus Sandstein. Deren heute fast senkrechte Lage entstand bei der Auffaltung des Wiehengebirges gegen Ende der Kreidezeit vor etwa 65 Millionen Jahren. Auf der Felswand sind Fährten von neun kleineren Elefantenfuß-Dinosauriern und von zwei großen Raub-Dinosauriern zu erkennen, die alle ungefähr in die selbe Richtung verlaufen. Die rundlichen Eindrücke der Hinterfüße der Elefantenfuß-Dinosaurier haben einen Durchmesser von 32 bis 38 Zentimetern. Dagegen sind die meistens direkt vor den Hinter-fußabdrücken befindlichen halbmondförmigen Vorder-fußabdrücke recht klein. Die Schrittlänge betrug etwa 1,50 Meter. Die beiden Fährten der großen Raub-Dinosaurier laufen in unterschiedliche Richtungen. Eine richtet sich auf der Felswand nach oben, die andere nach rechts. Ihre dreizehigen Trittsiegel sind mit etwa 63 Zentimeter Durchmesser etwa doppelt so groß wie diejenigen der Elefantenfuß-Dinosaurier. Die Raub-

Dinosaurier-Spuren erhielten den wissenschaftlichen Namen *Megalosauripus barkhausensis* und werden der Art *Megalosaurus teutonicus* zugeordnet.

Foto auf Seite 15:
Rundliche Fußspuren des Elefantenfuß-Dinosauriers Elephan-
topoides barkhausensis und dreizehige Fußspuren des Raub-
Dinosauriers Megalosauripus barkhausensis im Naturdenkmal
von Barkhausen an der Hunte, einem Ortsteil der Stadt Bad
Essen im Landkreis Osnabrück (Niedersachsen).

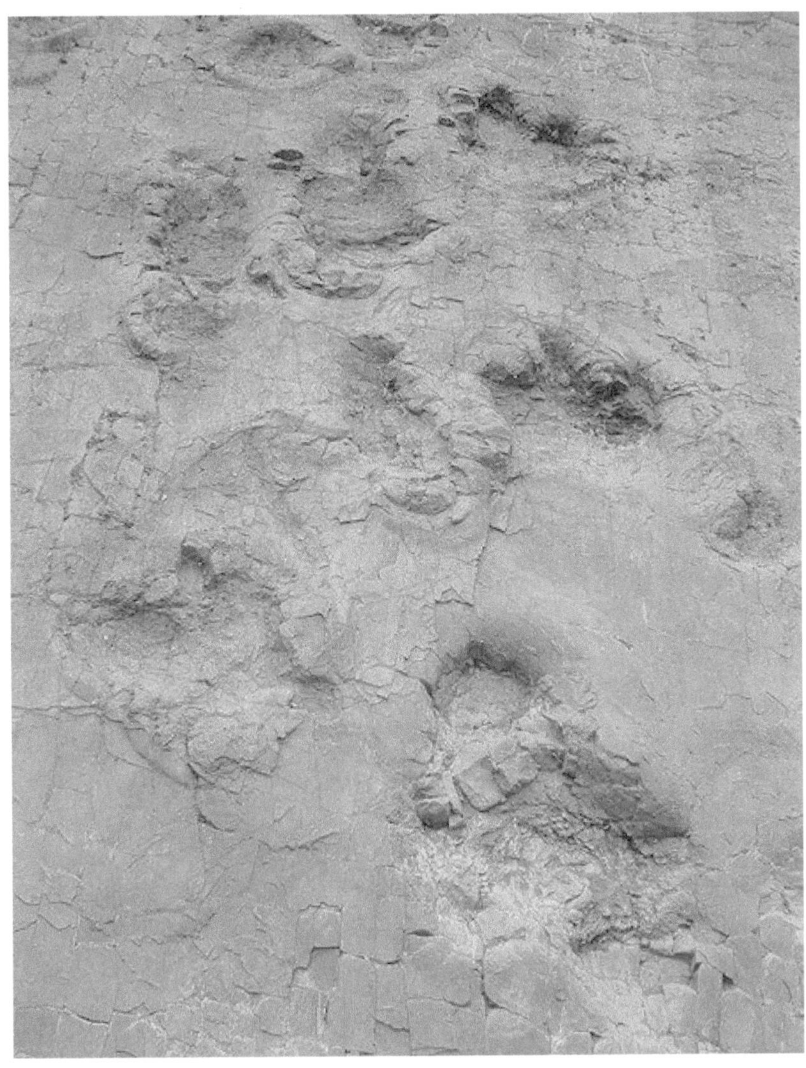

Europasaurus

Name: Echse aus Europa
Größe: bis zu 6,20 Meter lang
Vorkommen: Obere Jurazeit
Funde: Niedersachsen
Systematik: Saurischia, Sauropodomorpha,
Sauropoda, Macroniaria
Erstbeschreibung: Sander, Mateus, Laven und
Knötschke 2006

Der kleine Elefantenfuß-Dinosaurier *Europasaurus* lebte in der Oberen Jurazeit vor mehr als 150 Millionen Jahren in Norddeutschland. 1998 entdeckte der Fossiliensammler Holger Lütke im Steinbruch Langenberg bei Oker, einem Stadtteil von Goslar (Niedersachsen), am nördlichen Harzrand, erste Zähne und Knochen. Der Entdecker informierte Wissenschaftler über seinen spektakulären Fund. Zusammen mit Zähnen und Knochen von Elefantenfuß-Dinosauriern barg man auch Reste von fleischfressenden Dinosauriern, Flugsauriern, Krokodilen und Schildkröten. Anfangs betrachteten Paläontologen die Fossilien von *Europasaurus* als Reste jugendlicher großer Elefantenfuß-Dinosaurier. Die Funde wurden im „Dinosaurierpark Münchehagen" präpariert. Die wissenschaftliche Erstbeschreibung erfolgte 2006 in „Nature" durch die Paläontologen P. Martin Sander, Octávio Mateus,

Thomas Laven und Nils Knötschke. Einzige Art ist *Europasaurus holgeri*, mit deren Namen der Entdecker Holger Lütke geehrt wird. Die bisher vorliegenden Fossilien von *Europasaurus* stammen von mehr als elf Tieren verschiedener Entwicklungsstadien (jugendlich, halberwachsen, erwachsen) mit einer Länge von etwa 1,70 bis 6,20 Metern. Diese Tiere lebten einst auf einer der Inseln am südlichen Rand des Niedersächsischen Beckens. Schädelfunde von Sauropoden (Elefantenfuß-Dinosauriern) sind selten. Die gut erhaltenen Schädelknochen von *Europasaurus* gelten als die ersten derartigen Funde in Europa. Laut Online-Lexikon „Wikipedia" zeigt *Europasaurus* gegenüber dem für Sauropoden typischen Gigantismus eine gegenteilige Entwicklung, die als Inselverzwergung gedeutet wird. Darunter versteht man eine bei Besiedlung von Inseln durch große Tiere heute noch zu beobachtende merkliche Verringerung der Körpergröße als evolutionäre Anpassung an einen isolierten Lebensraum mit begrenztem Nahrungsangebot. Experten gehen davon aus, dass der unbekannte Vorfahre von *Europasaurus* wegen des enormen Selektionsdrucks innerhalb von wenigen Generationen auf eine Länge von etwa 6,20 Metern und ein Lebendgewicht von rund einer Tonne verzwergte. Der nächste bekannte Verwandte *Camarasaurus* war drei Mal so lang und wog ungefähr 30 Tonnen. Man weiß noch nicht, ob der Vorfahre von *Europasaurus* auf der durch den steigenden Meeresspiegel schrumpfenden Insel isoliert wurde oder erst erst später einwanderte und anschließend seine Körpergröße reduzierte. An der Universität Bonn konnte mit Hilfe der Histologie der Langknochen das Individualalter der *Europasaurus*-Funde ermittelt werden. An der Knochenmikrostruktur ließ sich ablesen, dass *Europasaurus* anders als große Sauropoden nur sehr langsam wuchs. Bei Untersuchungen an Dünnschliffpräparaten des Knochenquerschnitts erkannte man Stillstandsmarken im Knochen. In der Knochenrinde der größten Langknochen befinden sich eng zusammenstehende Stillstandsmarken, die belegen, dass ihr Wachstum zum Zeitpunkt des Todes bereits beendet war. Demzufolge handelte es sich bei den größten gefundenen Tieren um erwachsene Exemplare, die ihre endgültige Größe bereits erreicht hatten.

*Schädel von Brachiosaurus (oben) und Europasaurus (unten).
Foto von Nils Knötschke, einem der Erstbeschreiber*

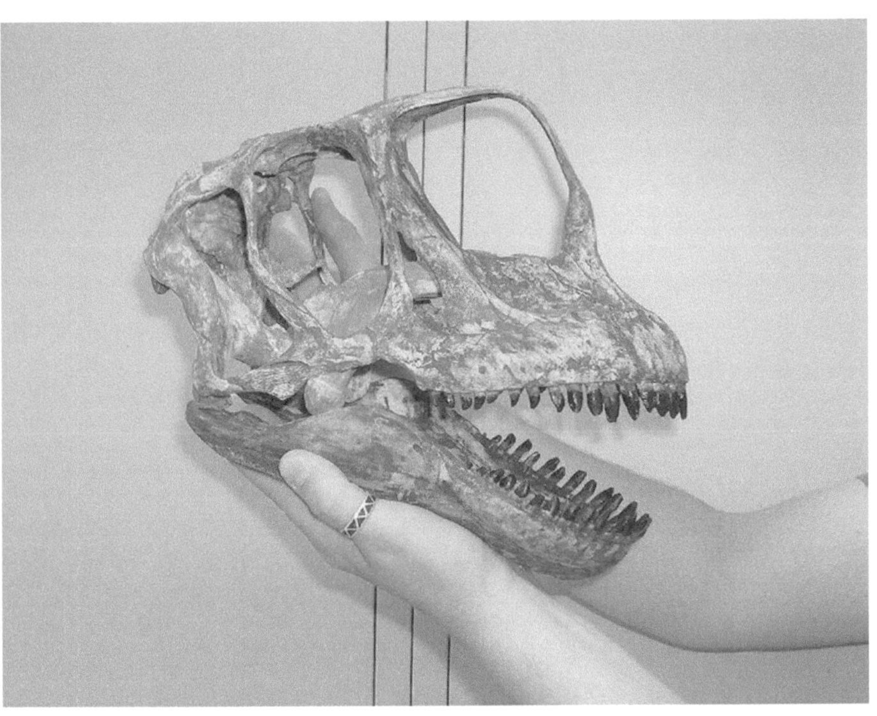

Schädel von Europasaurus holgeri
aus dem Steinbruch Langenberg bei Oker,
einem Stadtteil von Goslar (Niedersachsen).
Foto von Nils Knötschke, einem der Erstbeschreiber

*Lebensbild eines erwachsenen und eines jugendlichen Tieres
von Europasaurus holgeri. Im Hintergrund
ziehen Leguanzahn-Dinosaurier der Gattung Iguanodon vorbei.
Gemälde von Gerhard Böggemann*

Iguanodon

Name: Leguan-Zahn
Größe: etwa 10 Meter lang und 5 Meter hoch
Vorkommen: Untere Kreidezeit
Funde: Niedersachsen, Nordrhein-Westfalen,
Belgien, England
Systematik: Ornithischia, Ornithopoda, Iguanodontia,
Iguanodontidae
Erstbeschreibung: Mantell 1825

Der pflanzenfressende Dinosaurier *Iguanodon* lebte in der Unteren Kreidezeit vor etwa 145 bis 100 Millionen Jahren in Europa, Nordamerika, Asien und Afrika. Wegen der Häufigkeit der Funde und einer angenommenen vergleichbaren Lebensweise bezeichnet man die Gattung *Iguanodon* scherzhaft als „Kuh der Dinosaurierzeit". Bereits 1809 entdeckte ein Unbekannter in Sussex (England) einen Schienbeinknochen dieses Tieres. In der Literatur heißt es, 1822 habe die Engländerin Mary Ann Mantell (Bild) aus Lewes in Sussex in Steinen, mit denen ein Feldweg ausgebessert worden war, fossile Knochen und Zähne gefunden. Doch laut Online-Lexikon „Wikipedia" gibt es für diese Version keinen Beleg. Nach anderen Angaben fand 1822 der Arzt und Amateurgeologe Gideon Mantell (1790– 1852) – der Ehemann von Mary Ann Mantell – fossile Zähne. Er veröffentlichte 1824 die erste wissenschaftliche Beschreibung und bezeichnete das Tier als *Iguanosaurus* (Leguan-Echse). 1825 gab er der Gattung wegen der Ähnlichkeit ihrer Zähne mit denjenigen des heutigen Grünen Leguan den Namen *Iguanodon* (Leguan-Zahn). Erste Rekonstruktionen zeigten einen vierfüßig laufenden Leguan mit Kehlsack und Rhinoceros-Horn auf der Nase. Das Horn entpuppte sich später als Dorn am Daumen, der vielleicht zur Verteidigung oder zum Herabziehen von Ästen zum Maul diente. *Iguanodon* war – nach *Megalosaurus* (1824) – der zweite Dinosaurier, der wissenschaftlich beschrieben wurde. Das bis zu acht Meter lange und aufgerichtet maximal fünf Meter hohe *Iguanodon* wog schätzungsweise 4,5 Tonnen. Seine Hände hatten jeweils fünf Finger, die Füße jeweils drei Zehen. Heute geht man davon aus, dass *Iguanodon* meistens auf seinen zwei Hinterbeinen ging. Fossile Fußabdrücke aus Dorset (England) sind 24 Zentimeter breit. Zwischen 1877 und 1878 entdeckte man in einer belgischen Kohlengrube bei Bernissart zwischen Mons und Tournai in etwa 322 Meter Tiefe ein Massengrab mit insgesamt 31 teilweise sehr gut erhaltenen Skeletten von *Iguanodon*. Die Funde von Bernissart lassen sich der kleineren Art *Iguanodon mantelli* und der größeren Art *Iguanodon bernissartensis* zuordnen. Präparation und Aufstellung der *Iguanodon*-Gruppe im Museum von Brüssel wurden durch den französischen Ingenieur Louis Dollo (1857–1931) überwacht, der *Iguanodon* auch wissenschaftlich beschrieb. Dieser Pflanzenfresser ist in

Deutschland durch Fußspuren in Niedersachsen und durch Knochenreste in Nehden bei Brilon im Sauerland (Nordrhein-Westfalen) nachgewiesen, wo man sogar zwei Skelette von Jungtieren fand. *Iguanodon* zog in großen Herden über das Land und ernährte sich von Farnen und Schachtelhalmen. Es gilt als der größte und bekannteste Vertreter der Familie Iguanodontidae. Im Online-Lexikon „Wikipedia" werden insgesamt sieben Arten der Gattung *Iguanodon* erwähnt: *Iguanodon anglicus, Iguanodon atherfieldensis, Iguanodon bernissartensis, Iguanodon dawsoni, Iguanodon fittoni, Iguanodon hoggi* und *Iguanodon lakotaensis.*

Der englische Arzt Gideon Mantell (links)
und seine Ehefrau Mary Ann Mantell (rechts)

Lebenbild von Iguanodon.
Gemälde von Heinrich Harder (1858–1935)

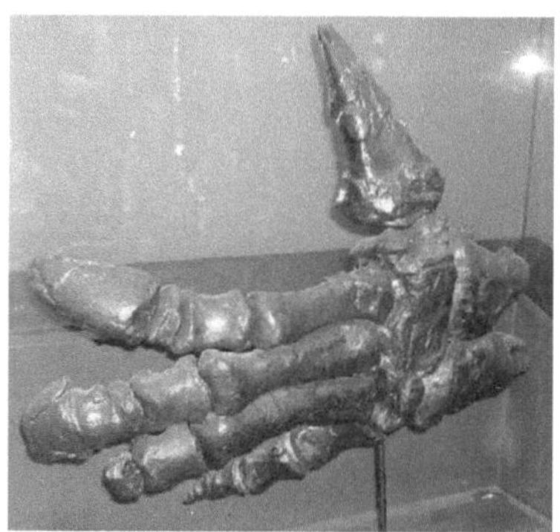

Hand mit Daumen von Iguanodon
im „Natural History Musuem", London

Lebensbild von Iguanodon. Gemälde von Fritz Wendler (1941–1995) für das Buch „Deutschland in der Urzeit" von Ernst Probst

Funde von *Iguanodon* in Deutschland
laut „Dinosaurier in Deutschland" (1993)
von Ernst Probst und Raymund Windolf:

Nordrhein-Westfalen:
Nehden bei Brilon (Skelettreste)

Niedersachsen:
Ottensen (Zahn)
Bückeberge (Fußspuren)
Münchehagen (Fußspuren)
Rehburger Berge (Fußspuren)

Lexovisaurus

Name: Echse der Lexovier
Größe: etwa 6 Meter lang
Vorkommen: Mittlere Jurazeit
Funde: England, Nordfrankreich, Niedersachsen?
Systematik: Ornithischia, Thyreophora, Eurypoda,
Stegosauria, Stegosauridae
Erstbeschreibung: Hoffstetter 1957

Die Platten-Echse *Lexovisaurus* aus der Mittleren Jurazeit
vor etwa 167 bis 161 Millionen Jahren gilt als einer der
frühesten bekannten Stegosaurier. Entlang des Rückens
und des Schwanzes trug *Lexovisaurus* große, dünne und
schindelförmige Knochenplatten. Seine Schulterstacheln
waren die längsten, die man bei Stegosauriern kennt.
An der Schwanzspitze befand sich ein Paar langer, spitzer
Stacheln. Vielleicht trugen Männchen merklich längere
Stacheln als Weibchen dieser Gattung. Die Knochenplatten und Stacheln sollten vielleicht Raub-Dinosaurier
abschrecken. Die Hinterbeine waren deutlich länger als
die Vorderbeine, womit sich der Kopf nahe am Boden
befand. *Lexovisaurus* ging auf vier Beinen und war wie
alle Stegosaurier ein Pflanzenfresser. Reste von
Lexovisaurus hat man in Cambridgeshire und Dorset in
England sowie in Calvados in Frankreich geborgen.
Fossile Reste von *Lexovisaurus* wurden bereits im 19.
Jahrhundert in England entdeckt. *Lexovisaurus* wurde

1957 durch den französischen Paläontologen Robert Hoffstetter (1908–1999) erstmals wissenschaftlich beäschrieben. Der Gattungsname *Lexovisaurus* erinnert an die Lexovier, ein keltisches Volk, das einst in Nordfrankreich lebte. Im Juli 1982 entdeckten Jugendliche aus Bielefeld und Bünden im steilen Hang eines Steinbruches im Wiehengebirge (Niedersachsen) mehrere Knochen, die man später als die ersten Fossilien eines Stegosauriers aus Deutschland identifizierte. Man vermutete, dass diese Reste der aus England und Frankreich bekannten Gattung *Lexovisaurus* ähnelten.

Lebensbild der Plattenechse Stegosaurus.
Zeichnung von Heinrich Harder (1858-1935)

Megalosaurus

Name: Große Echse
Größe: etwa 6 bis 9 Meter lang
Vorkommen: Mittlere Jurazeit
Funde: Niedersachsen?, England, Frankreich,
Portugal, Schweiz
Systematik: Saurischia, Theropoda, Tetanurae,
Megalosauridae
Erstbeschreibung: Buckland 1824

Der Raub-Dinosaurier *Megalosaurus* lebte in der Mittleren
Jurazeit vor etwa 175 bis 167 Millionen Jahren in Europa.
Ein Oberschenkelknochen von *Megalosaurus* wurde
bereits 1677 in dem Buch „Natural History of Ox-
fordshire" des englischen Professors Robert Plot (1640–
1696) abgebildet. Dabei handelte es sich um den ersten
Knochen eines Dinosauriers, der in England entdeckt
wurde. Plot hielt dieses Fossil allerdings irrtümlich für
einen Elefanten- oder riesigen Menschenknochen. 1763
verkannte Joshua Brookes jenen Fund als menschlichen
Hodensack (scrotum humanum). *Megalosaurus* war der
erste Dinosaurier, der wissenschaftlich untersucht wurde.
1824 beschrieb ihn der englische Professor für Geologie
in Oxford, William Buckland (1784–1856, Bild), anhand
eines Unterkieferfragments mit vielen großen und
gebogenen Zähnen. Reste von *Megalosaurus* kennt man
nicht nur aus England, sondern auch aus der Schweiz,

Frankreich, Belgien und Portugal. Bisher hat man noch kein vollständig erhaltenes Skelett von *Megalosaurus* bergen können. Nach den bisher vorliegenden Funden hatte *Megalosaurus* Hände mit drei Fingern sowie Füße mit vier Zehen und kräftigen Krallen. In Deutschland wurden Knochen, Zähne und Fußspuren der Art *Megalosaurus teutonicus* geborgen. Die Fußspuren aus Barkhausen (Niedersachsen) könnten aber auch von einem anderen Raub-Dinosaurier sein. Von *Megalosaurus* stammen angeblich auch etwa 14 Zentimeter lange Zähne, die *Megalosaurus ingens* zugeschrieben wurden. Unter dem Gattungsnamen *Megalosaurus* hat man früher zahlreiche fragmentarische Reste von Raub-Dinosauriern publiziert, die von ganz unterschiedlichen Gattungen stammen.

Der englische Geologieprofessor William Buckland (1784–1856) hat 1824 Megalosaurus wissenschaftlich beschrieben.

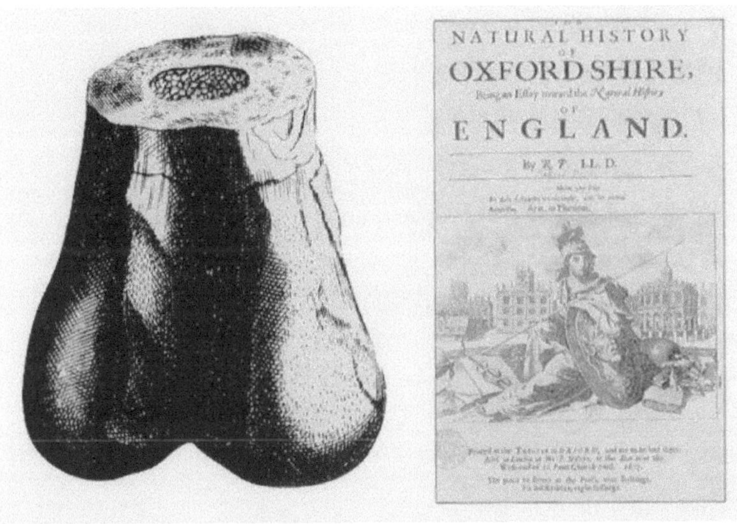

Frühe Funde von Megalosaurus aus England: Oben der bereits 1677 bekannte Oberschenkelknochen von Megalosaurus. Unten das Unterkieferfragment mit Zähnen aus Oxford, anhand dessen 1824 die Gattung erstmals wissenschaftlich beschrieben wurde.

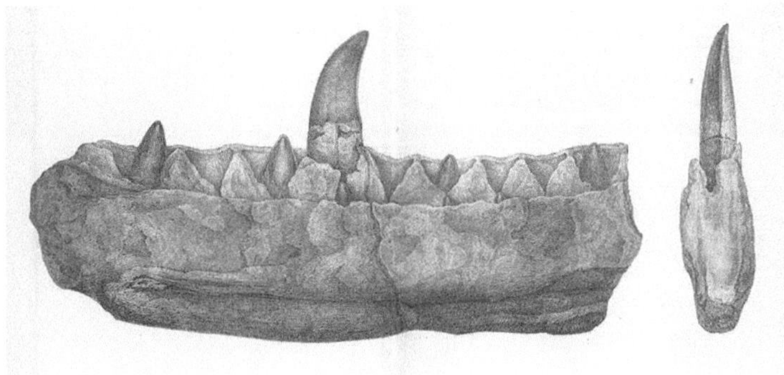

Plateosaurus

Name: Flache Echse, Breite Echse, Breitweg-Echse
Größe: bis zu 10 Meter lang
Vorkommen: Obere Triaszeit
Funde: Baden-Württemberg, Bayern, Niedersachsen,
Sachsen-Anhalt, Thüringen, Schweiz, Frankreich,
Grönland
Systematik: Saurischia, Sauropodomorpha,
Prosauropoda, Plateosauridae
Erstbeschreibung: Meyer 1837

Der Vor-Echsenfüßer *Plateosaurus* aus der Oberen
Triaszeit vor etwa 216 bis 199 Millionen Jahren wurde
wegen seines häufigen Vorkommens in Württemberg
von dem Paläontologen Friedrich August Quenstedt
(1809–1889) als „Schwäbischer Lindwurm" bezeichnet.
Das Stuttgarter Naturkundemuseum wählte ihn zum
Wappentier. Den Gattungsnamen *Plateosaurus* prägte
1837 der Frankfurter Wirbeltierpaläontologe Hermann
von Meyer (1801–1869, Bild) für einen 1834 von dem
Nürnberger Chemieprofessor Johann Friedrich
Engelhardt entdeckten Fund bei Heroldsberg unweit
von Nürnberg in Bayern. Bei der wissenschaftlichen
Erstbeschreibung erklärte er nicht, warum er diesen
Gattungsnamen wählte. *Plateosaurus* war weltweit der
fünfte wissenschaftlich beschriebene Dinosaurier. Von
Plateosaurus hat man mehr als 100 teilweise vollständige

Skelette in sehr guter Erhaltung gefunden. Nirgendwo auf der Welt wurden mehr Skelette und Skelettreste von Plateosaurus geborgen als bei drei großangelegten Grabungen 1911/1912, 1921–1923 und 1932 in Trossingen östlich von Villingen-Schwenningen in Württemberg. Allein 1932 kamen vier vollständige und 17 nahezu vollständige Skelette sowie 41 Skelettteile zum Vorschein. Insgesamt wurden in Trossingen 35 vollständige oder großenteils vollständige Skelette und Teile von weiteren rund 70 Tieren gefunden. Bei den Plateosauriern von Trossingen handelt es sich vielleicht um Tiere, die nach dem Tod zusammengeschwemmt wurden. Bei der ersten Veröffentlichung über die *Plateosaurus*-Funde von Trossingen hieß es 1913, die Tiere seien im Schlamm steckengeblieben. Laut einer 1928 publizierten Theorie sollen die Plateosaurier von Trossingen in der Wüste umgekommen sein. 1933 wurde die Theorie veröffentlicht, Herden von Plateosauriern hätten sich an großen Wasserlöchern versammelt, wo einige Tiere ins Wasser gedrückt worden seien. Leichtere Tiere sollen freigekommen, schwere dagegen steckengeblieben und gestorben sein. 1984 hat man die Funde aus den unteren Schichten von Trossingen als Herde interpretiert, die in einem Schlammstrom umkam, während die Skelette der oberen Schichten über einen längeren Zeitraum zusammengetragen wurden. Zu den bedeutendsten Fundorten von Plateosauriern in Deutschland gehört auch eine Ziegeleigrube bei

Halberstadt in Sachsen-Anhalt, wo man zwischen 1910 und 1930 Skelettreste zwischen 39 und 50 Dinosauriern barg, die von *Plateosaurus* sowie von den Raub-Dinosauriern *Liliensternus* und *Halticosaurus* stammen. Die Plateosaurier aus Halberstadt deutete man früher als Tiere, die zu tief in Sümpfe gewatet, steckengeblieben und ertrunken waren. In Deutschland kennt man insgesamt mehr als 50 *Plateosaurus*-Fundstellen. Aus einer Tongrube in Frick im schweizerischen Kanton Aargau kennt man seit 1961 Skelettreste von drei bis vier Plateosauriern. 1997 holte man bei einer Ölsuchbohrung in der Nordsee in 2.651 Meter Tiefe unter dem Meeresspiegel das Bruchstück eines Beinknochens von *Plateosaurus* ans Tageslicht. Dieses wurde von den Arbeitern zunächst als Pflanzenfossil verkannt und erst 2003 als Dinosaurier-Knochen identifiziert. Auch auf Grönland hat man *Plateosaurus*-Fossilien geborgen. Der Gattung *Plateosaurus* hat man früher zahlreiche Arten zugeordnet. Davon erkennt man heute nur noch zwei als gültig an: *Plateosaurus engelhardti* und die etwas ältere Spezies *Plateosaurus gracilis* (früher *Sellosaurus gracilis*). Vieles von dem, was früher über *Plateosaurus* geschrieben wurde, gilt jetzt nicht mehr. Nach gegenwärtigem Wissensstand war *Plateosaurus* ein auf zwei Beinen gehender Pflanzenfresser mit kleinem Kopf auf einem langen biegsamen Hals. Er besaß viele blattförmige Zähne zum Zerquetschen von Pflanzenmaterial, eine starke Greifhand mit vergrößerter Daumenkralle, kräftige Hinterbeine und einen langen, flexiblen Schwanz. Die Daumenkralle wurde vielleicht bei der Nahrungsbeschaffung oder bei der Feindabwehr eingesetzt. Erwachsene Tiere der Art *Plateosaurus engelhardti* erreichten eine Länge zwischen etwa 4,80 und zehn Metern und ein Lebendgewicht von schätzungsweise zwischen 600 Kilogramm und vier Tonnen. Der etwas kleinere *Plateosaurus gracilis* war zwischen vier und fünf Meter lang. Die Lebensdauer der Plateosaurier soll im Normalfall zwischen zehn und 25 Jahren gelegen haben. Im Stuttgarter Naturkundemuseum sind Plateosaurier in unterschiedlicher Körperhaltung zu bewundern. *Plateosaurus* wird auch „Deutscher Lindwurm" genannt.

Schädel von Plateosaurus
in einem Museum in Toronto (Kanada)

Funde von *Plateosaurus* in Deutschland
laut „Dinosaurier in Deutschland" (1993)
von Ernst Probst und Raymund Windolf:

Württemberg:
Langenberg
Wüstenrot
Welzheim
Spraitbach
Erlenberg
Tübingen
Schlößlesmühle bei Waldbuch
Stuttgart
Balingen
Aixheim
Biesingen bei Donaueschingen
Trossingen
Stromberg, Ochsenbach
Echterdingen
Bebenhausen
Pfrondorf
Kressbach
Hechingen

Franken:
Heroldsbach und Fischbach bei Nürnberg
Eisenbahnlinie zwischen Lauf und Röthenbach
Eisenbahnlinie zwischen Lauf und Behringersdorf
Lauf bei Nürnberg
Günthersbühl und Nuschelberg bei Lauf
Drepersdorf im Pegnitztal
Altdorf
Altenstein bei Maroldsweisbach
Kulmbach
Ellingen bei Weißenburg
Eichelburg bei Weißenburg
Pierheim östlich von Hiltpoltstein

Niedersachsen:
Göttingen
Bovenden
Hedeper bei Braunschweig

Sachsen-Anhalt:
Halberstadt

Thüringen:
Großer Gleichberg südlich Hildburghausen

*Skelett von Plateosaurus engelhardti aus Trossingen
im „American Museum of Natural History", New York*

*Hermann von Meyer (1801–1869), links.
Fossiler Schädel und Hals von Plateosaurus (rechts)*

*Lebensbild von Plateosaurus. Gemälde von
Fritz Wendler (1941–1995) für das Buch „Deutschland
in der Urzeit" (1986) von Ernst Probst*

Rotundichnus

Name: Rundfährte
Größe: bis zu 15 Meter lang
Vorkommen: Untere Kreidezeit
Funde: Niedersachsen
Systematik: Saurischia, Sauropoda
Erstbeschreibung: Hendricks 1981

Im Juli 1979 entdeckte der Geologe Franz-Jürgen Harms in einem ehemaligen Steinbruch in den Rehburger Bergen bei Münchehagen, einem Stadtteil von Rehburg-Loccum (Niedersachsen), seltsame regelmäßige Hohlformen, die er als Fährte eines Elefantenfuß-Dinosauriers identifizierte. Dieser Steinbruch wurde damals zur Ablagerung von Bauschutz benutzt und von baldiger Auffüllung bedroht. Harms benachrichtigte sofort die Behörden, um die Dinosaurier-Fährten vor der Zerstörung zu bewahren. Anfang 1980 spritzte die Freiwillige Feuerwehr von Münchehagen mit Stahlrohren die Sohle des Steinbruches ab. Dabei wurden bis zu 1,30 Meter lange Vertiefungen freigelegt. Im Laufe der Zeit haben Paläontologen dort mehr als 250 Fußabdrücke von Dinosauriern aus der Unteren Kreidezeit vor etwa 140 Millionen Jahren entdeckt, die einst im weichen Boden eines Flussmündungsdeltas hinterlassen wurden. Die Fußspuren verlaufen in mehreren Fährten und stammen von pflanzenfressenden Elefantenfuß-

Dinosauriern und Leguanzahn-Dinosauriern. Ende 1980 wurde der Steinbruch bei Münchehagen mit den Dinosaurier-Fährten als Naturdenkmal unter Schutz gestellt. Der Paläontologe Alfred Hendricks aus Münster (Westfalen) hat 1981 die Fußabdrücke der Elefantenfuß-Dinosaurier erstmals wissenschaftlich beschrieben. Er nannte sie *Rotundichnus muenchehagensis* („Münchehagener Rundfährte"). Laut der Internetseite „Dinosaurierspuren.de" wurden die Fußabdrücke von *Rotundichnus* von mindestens sieben Dinosauriern hinterlassen. Die Vorderfußeindrücke haben einen Durchmesser zwischen 0,45 und 0,75 Meter. Die Hinterfußeindrücke sind zwischen 0,60 und 1,30 Meter lang und zwischen 0,50 bis 1,50 Meter breit. Der Rumpf dieser Tiere soll etwa fünf Meter lang gewesen sein. Hinzu kamen noch der lange Hals und der lange Schwanz. Hendricks verglich *Rotundichnus* mit dem bis zu etwa 20 Meter langen Elefantenfuß-Dinosaurier *Apatosaurus* (früher *Brontosaurus* genannt) aus den USA. Bei der dreizehigen Fährte eines auf zwei Beinen gehenden Dinosauriers aus dem Steinbruch bei Münchehagen waren Experten unsicher, ob sie von einem pflanzenfressenden Leguanzahn-Dinosaurier der Gattung *Iguanodon* oder von einem Raub-Dinosaurier stammte. Diese Dinosaurier-Fährten in Münchehagen sind heute ein vom Freilichtmuseum „Dinosaurierpark Münchehagen" umgebenes Naturdenkmal. Auf einem 2,5 Kilometer langen Rundweg sind mehr als 200 bis zu 45 Meter lange

*Lebensbild von Apatosaurus. Gemälde von
Fritz Wendler (1941–1995) für das Buch „Deutschland
in der Urzeit" (1986) von Ernst Probst*

lebensnahe Modelle von Urzeit-Tieren ausgestellt. Im August 2004 entdeckte man an einer anderen Stelle in der Nähe von Münchehagen Fußabdrücke des Leguanzahn-Dinosauriers *Iguanodon* und eines Raub-Dinosauriers. 2006 wurden die Dinosaurier-Fährten bei Münchehagen am Steinhuder Meer zum „Nationalen Geotop in Deutschland" erklärt.

Fußabdrücke des Elefantenfuß-Dinosauriers
Rotundichnus muenchehagensis aus der Unteren Kreidezeit
im ehemaligen Steinbruch bei Münchehagen

Stenopelix

Name: Enges Becken
Größe: etwa 1,50 bis 2 Meter lang
Vorkommen: Untere Kreidezeit
Funde: Niedersachsen
Systematik: Ornithischia, ?Cerapoda,
?Marginocephalia, ?Pachycephalosauria
Erstbeschreibung: Meyer 1857

Der rätselhafte Dinosaurier *Stenopelix* lebte in der Unteren Kreidezeit vor etwa 145 bis 140 Millionen Jahren in Deutschland. Von ihm hat man 1855 in einem Steinbruch am Harrl, einem westlichen Ausläufer der Bückeberge, bei Obernkirchen unweit von Bückeburg (Niedersachsen) die Hinterbeine, das Becken und den Schwanz als Hohlform im Gestein gefunden. Es fehlten der Kopf, der sicherlich eine genaue Systematisierung ermöglicht hätte, und der Hals. Der überlieferte Teil der Wirbelsäule erreichte 97 Zentimeter, der Schwanz 55 Zentimeter. Den Gattungsnamen *Stenopelix* prägte 1857 der Frankfurter Paläontologe Hermann von Meyer (1801–1869). Er nannte die einzige Art *Stenopelix valdensis*, die sich auf die Formation des Wealden bezieht. Zu Lebzeiten von *Stenopelix* lagen in der Fundgegend Sümpfe eines großen Flußmündungs-Deltas ins nördliche Unterkreidemeer. Die systematische Stellung von *Stenopelix* ist seit seiner Erstbeschreibung umstritten.

1917 ordnete Franz Baron Nopsca (1877–1933) *Stenopelix* in eine eigene Familie namens Stenopelixidae ein und 1923 zu den Gazellen-Dinosauriern (Hypsilophodontidae). 1946 rechnete Alfred S. Romer (1894–1973) dieses Tier zu den Papageien-Dinosauriern (Psittacosauridae). 1960 erkannte Hermann Schmidt, dass es sich um einen Vogelbecken-Dinosaurier (Ornithischia) handelt. In den 1970-er Jahren stellten Teresa Maryanska und Halszka Osmólska (1930–2008) Ähnlichkeiten des *Stenopelix*-Skeletts mit Dickkopfschädel-Dinosauriern (Pachycephalosauria) aus der Mongolei fest, was aber widerlegt wurde. 1976 betrachtete Peter M. Galton, der Erstbeschreiber von *Yaverlandia*, diesen als identisch mit *Stenopelix*. 1982 hielten Hans-Dieter Sues und Peter M. Galton den Dinosaurier *Stenopelix* für einen der ältesten Vorfahren der Horn-Dinosaurier (Ceratopsia) und wegen seiner Größe am ehesten mit den Papageien-Dinosauriern vergleichbar. Der Originalfund von *Stenopelix* wurde in der Sammlung von Max Ballerstedt (1857–1945), dem Nestor der Dinosaurierfährten-Forschung in den Bückebergen, im „Gymnasium Adolfinum Bückeburg" aufbewahrt. In den 1970-er Jahren kam er in das „Geologisch-Paläontologische Institut" der Universität Göttingen. Dort hat man 2008 im „Geologischen Museum" eine Nachbildung von *Stenopelix* aufgestellt.

Lebensbild von Stenopelix.
Zeichnung von Nobu Tamura

*Von Dinosauriern fasziniert
sind die Enkel Max und Paula des Autors*

Was ist ein Dinosaurier?

Dinosaurier unterscheiden sich von anderen urzeitlichen Sauriern grundlegend durch einen verbesserten Bewegungsapparat, der größere Schnelligkeit und Beweglichkeit zuließ. Erreicht wurde dies durch eine verbesserte Stellung der Extremitäten. Bei den Dinosauriern setzten die Beine nicht wie bei anderen Reptilien (Kriechtiere) seitwärts am Körper an, was nur eine schubkriechende Fortbewegung erlaubte. Stattdessen hatten die Dinosaurier die Gliedmaßen senkrecht am Körper. Ihre Beinstellung entsprach derjenigen von heutigen Säugetieren und Vögeln. Diese statisch günstigere Anordnung der Gliedmaßen ließ auch ein höheres Körpergewicht zu.

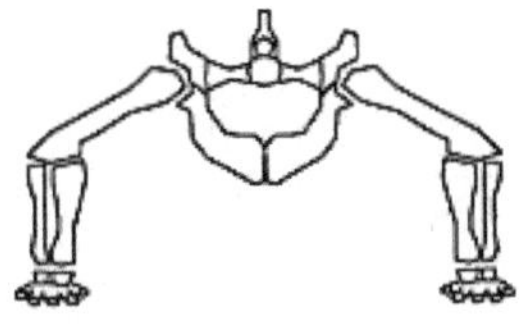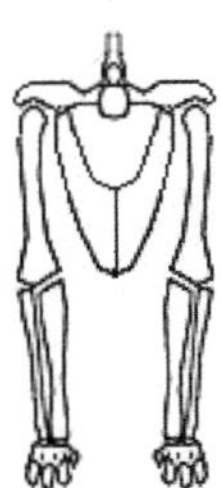

Beinstellung eines Reptils (links), eines Dinosauriers bzw. eines Säugetieres (Mitte) und eines Rauisuchiers (rechts)

Nach dem Bau der Hüft- und Beckenregion werden die Dinosaurier in zwei große Gruppen oder Ordnungen eingeteilt: Die eine davon sind die Saurischia oder Echsenbecken-Dinosaurier, die anderen die Ornithischia oder Vogelbecken-Dinosaurier.
Kurioserweise sind die Echsenbecken-Dinosaurier trotz ihres Namens näher mit den Vögeln verwandt als die Vogelbecken-Dinosaurier. Bei ihnen gab es Pflanzen- und Fleischfresser. Die Fleischfresser unter den Saurischa bezeichnet man als Theropoden, die Pflanzenfresser als Sauropoden. Zu den Echsenbecken-Dinosauriern gehörten die größten Dinosaurier (*Argentinosaurus, Supersaurus*) und die kleinsten (*Compsognathus*) sowie gefährliche Raub-Dinosaurier wie *Spinosaurus, Giganotosaurus und Tyrannosaurus*.
Die Vogelbecken-Dinosaurier waren allesamt Pflanzenfresser. Sie trugen teilweise Panzer, Hornplatten und Hörner. Im Gegensatz zu den Echsenbecken-Dinosauriern ragten ihr Schambein und Sitzbein nach hinten unten. Als weiteres typisches Merkmal gilt ein zusätzlicher Knochen am Vorderende des Unterkiefers. Zu den Vogelbecken-Dinosauriern gehörten die Unterordnungen Ornithopoda (Vogelfüßer), Pachycephalosauria (Dickschädel-Echsen oder Dickkopf-Dinosaurier), Stegosauria (Platten-Echsen), Ankylosauria (Panzer-Dinosaurier) und Ceratopsia (Horn-Dinosaurier oder Nackenschild-Dinosaurier).

Vereinfachte Klassifikation von Dinosauriern auf Familienebene laut Online-Lexikon „Wikipedia":

Dinosauria

- Saurischia (Echsenbecken-Dinosaurier: Theropoden und Sauropoden)

  - Herrerasauria (frühe, zweibeinige Fleischfresser)

  - Theropoda (zweibeinig gehende Dinosaurier, zum Großteil Fleischfresser)

    - Coelophysoidea (*Coelophysis* und enge Verwandte)

    - Ceratosauria (*Ceratosaurus* und Abelisauriden

    - Spinosauroidea (Fleisch- und eventuell Fischfresser; einige besaßen einen krokodilähnlichen Schädel und knöcherne Rückensegel)

    - Carnosauria (*Allosaurus* und enge Verwandte, wie zum Beispiel *Carcharodontosaurus*)

- Coelurosauria (Gruppe
  verschiedenartiger Theropoden)

  - Tyrannosauroidea (klein bis
    gigantisch, oft mit
    reduzierten Armen)

  - Ornithomimosauria
    (Straußen-ähnlich, zahnlos,
    Fleisch- oder
    Pflanzenfresser)

  - Therizinosauria (zweibeinig
    gehende Pflanzenfresser
    mit langen Armen und
    kleinen Köpfen)

  - Oviraptorosauria (zahnlos,
    ihre Ernährung und
    Lebensgewohnheiten sind
    ungewiss)

  - Dromaeosauridae (wie die
    klassischen Raptoren, zum
    Beispiel *Velociraptor*)

  - Troodontidae (ähnlich wie
    die Dromaeosauriden, aber
    leichter gebaut, und

> möglicherweise
> Allesfresser)

- Aves (die Vögel, die
  einzigen rezenten
  Dinosaurier)

- Sauropodomorpha (Gruppe oft sehr
  langhalsiger Pflanzenfresser)

  - Prosauropoda (frühe Verwandte
    der Sauropoden; klein bis recht
    groß; einige waren eventuell
    Allesfresser, zweibeinig und
    vierbeinig gehend)

    - Sauropoda (sehr groß mit
      elefantenähnlichen Beinen,
      meistens über 15 Meter
      lang)

    - Diplodocoidea (verlängerte
      Schädel und Schwänze;
      Zähne sind nach vorne
      gerichtet und stiftartig)

    - Macronaria (diverse
      Gruppe teils riesiger
      Sauropoden)

- Brachiosauridae (sehr lange Hälse, Vorderbeine sind länger als Hinterbeine)

- Titanosauria (divers; besonders häufig in der späten Kreidezeit der südlichen Kontinente)

- Ornithischia (Vogelbecken-Dinosaurier: diverse Gruppe zweibeinig oder vierbeinig gehender Pflanzenfresser)

  - Heterodontosauridae (kleinere Pflanzen- oder Allesfresser mit großen Eckzähnen)

  - Thyreophora (Gepanzerte Dinosaurier, meistens vierbeinig gehend)

    - Ankylosauria (Panzerung aus Knochenplatten, einige trugen eine knöcherne Keule am Schwanzende)

    - Stegosauria (vierbeinig gehend, mit Knochenplatten und Stacheln)

  - Ornithopoda (divers, waren gleichzeitig vierbeinig und zweibeinig gehend, entwickelten die Fähigkeit zu kauen, große Anzahl von Zähnen)

    - Hadrosauridae (die „Entenschnäbel")

- Pachycephalosauria („Dickkopf-
  Dinosaurier", mit verdicktem
  Schädeldach und Kopfornamenten)

- Ceratopsia (vierbeinig gehend
  Dinosaurier mit Hörnern
  und Nackenschildern, obwohl
  frühe Formen nur Andeutungen
  dieser Merkmale besaßen.

Wie die Dinosaurier
zu ihrem Namen kamen

Die urzeitlichen Echsen, die heute weltweit als Dinosaurier („Schreckensechsen") bezeichnet werden, hätten beinahe einen ganz anderen Namen erhalten. Der Frankfurter Forscher Hermann von Meyer (1801–1869) hatte 1830 für die riesenhaften Urweltreptilien den Begriff „Pachypoda" vorgeschlagen, was wörtlich „Dickfüßer" oder „Schwerfüßer" heißt. Diese Bezeichnung wählte er, zwölf Jahre vor Aufkommen des Begriffs Dinosaurier, in Anlehnung an die Benennung von Elefanten und Nashörnern als Pachydermen (Dickhäuter).

Hermann von Meyer gilt als der bedeutendste Wirbeltierpaläontologe des 19. Jahrhunderts zumindest in Deutschland, wenn nicht sogar in Europa. Er war beim „Deutschen Bundestag" in Frankfurt am Main von 1837 an als „Bundeskassen-Controleur" sowie von 1863 an als „Bundescassier" tätig und untersuchte in seiner Freizeit prähistorische Wirbeltiere wie Fische, Amphibien, Reptilien, Vögel und Säugetiere.

Dutzende von Urzeittieren wie der weltberühmte Urvogel *Archaeopteryx* aus Bayern verdanken Hermann von Meyer ihren wissenschaftlichen Namen. Sein Ruf

Hermann von Meyer (1801–1869)

Richard Owen (1801–1892)

war so gut, dass ihm viele Entdecker ihre zum Teil spektakulären Funde zur Begutachtung vorlegten. So war es auch im Fall des Nürnberger Arztes Johann Friedrich Engelhardt, der 1834 in Heroldsberg bei Nürnberg erstmals in Deutschland ein Dinosaurierskelett geborgen hatte. Meyer benannte diesen Fund 1837 *Plateosaurus engelhardti* („Engelhardts flache Echse").

Plateosaurus lebte in der Triaszeit vor mehr als 210 Millionen Jahren. Skelettreste dieser bis zu zehn Meter langen Dinosauriergattung wurden später auch in Baden-Württemberg, Niedersachsen, Thüringen und Sachsen-Anhalt gefunden, was dem Urzeittier den Beinamen „Deutscher Lindwurm" einbrachte.

Den Namen Dinosaurier gab es damals noch nicht, aber auch Meyers Bezeichnung „Pachypoda" hatte sich in der Fachwelt nicht durchgesetzt, zumal sie lediglich in einer Tabelle verwendet worden war. Mehr Glück war dem Paläontologen und ersten Direktor des Britischen Museums für Naturgeschichte in London, Richard Owen (1801–1892), beschieden, der 1842 für die bis dahin bekannten riesenhaften Echsen den Begriff „Dinosauria" vorschlug. Der wissenschaftliche Name „Dinosauria" (eingedeutscht: Dinosaurier) fand weltweit Anerkennung, obwohl nicht alle damit bezeichneten Urzeittiere den Titel „Schreckensechsen" verdienen. Neben 40 Meter langen Pflanzenfressern wie *Argentinosaurus* und bis zu 18 Meter langen Raub-Dinosauriern wie *Spinosaurus* gab es auch nur katzengroße

„Dinos" wie den Zwerg-Dinosaurier *Compsognathus longipes* aus Bayern. Auch Meyers Name „Dickfüßer" wäre nicht generell richtig gewesen, weil viele Dinosaurier mehrzehige Füße hatten.

Autor Ernst Probst

Der Autor

Ernst Probst, geboren am 20. Januar 1946 in Neunburg vorm Wald im bayerischen Regierungsbezirk Oberpfalz, ist Journalist und Wissenschaftsautor. Er arbeitete von 1968 bis 1971 als Redakteur bei den „Nürnberger Nachrichten", von 1971 bis 1973 in der Zentralredaktion des „Ring Nordbayerischer Tageszeitungen" in Bayreuth und von 1973 bis 2001 bei der „Allgemeinen Zeitung", Mainz. In seiner Freizeit schrieb er Artikel für die „Frankfurter Allgemeine Zeitung", „Süddeutsche Zeitung", „Die Welt", „Frankfurter Rundschau", „Neue Zürcher Zeitung", „Tages-Anzeiger", Zürich, „Salzburger Nachrichten", „Die Zeit", „Rheinischer Merkur", „Deutsches Allgemeines Sonntagsblatt", „bild der wissenschaft", „kosmos", „Deutsche Presse-Agentur" (dpa), „Associated Press" (AP) und den „Deutschen Forschungsdienst" (df). Aus seiner Feder stammen die Bücher „Deutschland in der Urzeit" (1986), „Deutschland in der Steinzeit" (1991), „Rekorde der Urzeit" (1992), „Dinosaurier in Deutschland" (1993 zusammen mit Raymund Windolf) und „Deutschland in der Bronzezeit" (1996). Von 2001 bis 2006 betätigte sich Ernst Probst als Buchverleger sowie zeitweise als internationaler Fossilienhändler und Antiquitätenhändler. Insgesamt veröffentlichte er mehr als 100 Bücher, Taschenbücher, Broschüren, Museumsführer und E-Books.

Literatur

CHARIG, Alan (Übersetzung von Rupert Wild): Dinosaurier. Rätselhafte Riesen der Urzeit, Hamburg 1982

COX, Barry / DIXON, Dougal / GARDINER, Brian / SAVAGE, R. J. G.: Dinosaurier und andere Tiere der Vorzeit. Die große Enzyklopädie der prähistorischen Tierwelt, München 1989

DINOSAURIER-INFO
www.dinosaurier-info.de

DINOSAURIER-INTERESSE
www.dinosaurier-interesse.de

DINOSAURIER-NEWS
http://dinosaurier-news.blog.de

DINOSAURIER.ORG
www.dinosaurier.org

JELTING, Uwe: Den Dinosauriern auf der Spur, Bonn 2007

PALAEOCRITTI. A guide to prehistoric animals
www.palaeocritti.com

PROBST, Ernst: Deutschland in der Urzeit, München 1986

PROBST, Ernst: Rekorde der Urzeit, München 1992

PROBST, Ernst: Rekorde der Urzeit. Landschaften, Pflanzen und Tiere, München 1992

PROBST, Ernst: Dinosaurier in Deutschland. Von Compsognathus bis zu Stenopelix, München 2010
PROBST, Ernst: Dinosaurier von A bis K, München 2010
PROBST, Ernst: Dinosaurier von L bis Z, München 2010
PROBST, Ernst / WINDOLF, Raymund: Dinosaurier in Deutschland, München 1993
WIKIPEDIA (Online-Lexikon) http://wikipedia.org
WINDOLF, Raymund: Dinosaurier-Lexikon, Korb 1989

Bildquellen

Klaus Benz, Mainz-Laubenheim: 64
Gerhard Böggemann, Recke: 22
Reproduktionen von Gemälden: 25 links, 25 rechts,
(Gemälde von 1843) 32, 41 unten links, 60, 61
Reproduktionen von Gemälden des Kunstmalers
Fritz Wendler (1941–1995) für das Buch
„Deutschland in der Urzeit" (1986) von Ernst Probst:
7, 27, 42, 45
Reproduktionen von Gemälden von Heinrich Harder
(1858–1935): 26 oben, 30 unten
Reproduktionen von Zeichnungen: 33 oben, 33 unten
Bernd Werner, Dienheim: 3, 50
Ballista/CC-BY-SA3.0: 26 unten (via Wikimedia
Commons), lizensiert unter CreativeCommons-
Lizenz by-sa-3.0-de
http://creativecommons.org/licenses/by-sa/3.0/
legalcode
Nils Knötschke/CC-BY-SA2.5: 20, 21 (via Wikimedia
Commons), lizensiert unter CreativeCommons-
Lizenz by-sa-2.5-de
http://creativecommons.org/licenses/by-sa/2.5/
legalcode
Eva Kröcher (Eva K.)/CC-BY-SA2.5: 41 unten rechts
(via Wikimedia Commons), lizensiert unter
CreativeCommons-Lizenz by-sa-2.5-de
http://creativecommons.org/licenses/by-sa/2.5/
legalcode

Bücher von Ernst Probst

Rekorde der Urzeit. Landschaften,
Pflanzen und Tiere
Rekorde der Urmenschen. Erfindungen,
Kunst und Religion
Archaeopteryx. Der Urvogel aus Bayern
Der Ur-Rhein. Rheinhessen
vor zehn Millionen Jahren
Der Mosbacher Löwe. Die riesige
Raubkatze aus Wiesbaden
Der Rhein-Elefant. Das Schreckenstier
von Eppelsheim
Deutschland im Eiszeitalter
Dinosaurier in Deutschland
Dinosaurier von A bis K
Dinosaurier von L bis Z
Höhlenlöwen. Raubkatzen im Eiszeitalter
Säbelzahnkatzen. Von Machairodus
bis zu Smilodon
Der Höhlenbär
Monstern auf der Spur. Wie die Sagen
über Drachen, Riesen und Einhörner entstanden
Affenmenschen. Von Bigfoot bis zum Yeti
Seeungeheuer. Von Nessie
bis zum Zuiyo-maru-Monster

Bestellungen bei: http://www.grin.com